广东海洋经济发展报告 2022

广东省自然资源厅
广东省发展和改革委员会 编著

SPM 南方传媒
广东科技出版社
全国优秀出版社
·广州·

图书在版编目（CIP）数据

广东海洋经济发展报告：2022 / 广东省自然资源厅，广东省发展和改革委员会编著. — 广州：广东科技出版社，2022.7
ISBN 978-7-5359-7852-3

Ⅰ. ①广…　Ⅱ. ①广…　②广…　Ⅲ. ①海洋经济－区域经济发展－研究报告－广东－2022　Ⅳ. ①P74

中国版本图书馆CIP数据核字(2022)第075569号

广东海洋经济发展报告2022
Guangdong Haiyang Jingji Fazhan Baogao 2022

出 版 人：严奉强
责任编辑：张远文　李　杨
装帧设计：友间文化
责任校对：陈　静
责任印制：彭海波
出版发行：广东科技出版社
（广州市环市东路水荫路11号　邮政编码：510075）
销售热线：020-37607413
http：//www.gdstp.com.cn
E-mail：gdkjbw@nfcb.com.cn
经　　销：广东新华发行集团股份有限公司
印　　刷：广州一龙印刷有限公司
（广州市增城区荔新九路43号1幢自编101房　邮政编码：511340）
规　　格：720mm×1 000mm　1/16　印张5　字数100千
版　　次：2022年7月第1版
2022年7月第1次印刷
定　　价：98.00元

前　言

2021年，在世界百年未有之大变局和新冠肺炎疫情全球大流行交织影响下，海洋经济发展不确定、不稳定因素增多。广东省委、省政府全面贯彻落实党的十九大和十九届历次全会精神，深入贯彻习近平总书记关于海洋发展的系列重要论述及致2019中国海洋经济博览会贺信精神，按照海洋强国建设部署，大力推动“双区”和横琴、前海两个合作区建设，精准有力实施涉海重大项目，深化海洋领域重大改革，扎实推进海洋经济高质量发展，全面推动海洋强省建设，海洋经济呈现加快恢复、稳中向好的发展态势，总量持续保持全国第一，赋能高质量发展取得新成效，实现“十四五”良好开局。

为全面反映广东海洋经济发展情况，广东省自然资源厅、广东省发展和改革委员会共同组织编写了《广东海洋经济发展报告（2022）》（以下简称《报告》）。《报告》总结了2021年广东海洋经济发展总体情况以及重点工作，介绍了沿海地级以上城市及佛山市海洋经济发展主要成效，提出了2022年海洋经济工作计划。

《报告》在编写过程中得到了省直有关部门，沿海地级以上城市及佛山市自然资源、发展改革主管部门的大力支持，在此一并表示感谢。

编者

2022年6月

目 录

海巡09

第一章
2021年广东海洋经济发展总体情况

第一节　海洋经济总体运行情况

一、海洋经济总量与结构

海洋经济总量连续27年居全国首位。据初步核算，2021年全省海洋生产总值为19 941亿元①，同比增长12.6%，占地区生产总值的16.0%，占全国海洋生产总值的22.1%（图1-1、图1-2）。

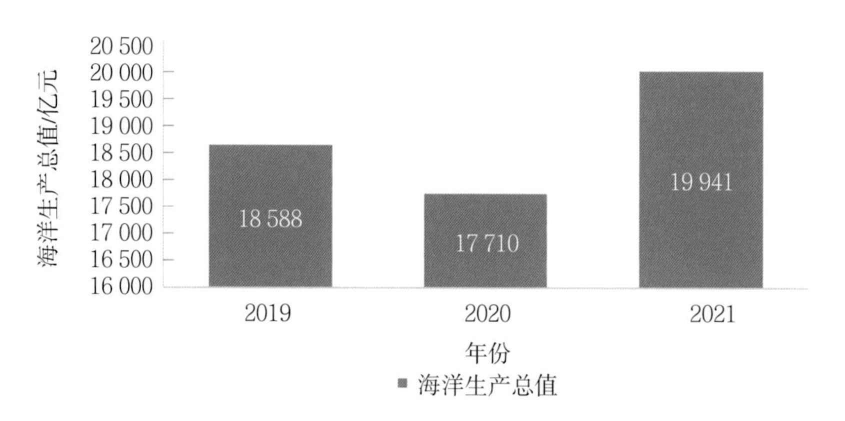

图1-1　2019—2021年广东省海洋生产总值

①按照统计程序，《报告》中涉及的海洋生产总值、海洋产业增加值数据均为自然资源部反馈数据，其增速为名义增速。由于统计口径调整以及受新冠肺炎疫情影响，2019、2020、2021年的3年数据较此前公布数据均有不同程度调整。对于全省海洋生产总值，2019年再次核实数据为18 588亿元，2020年初步核实数据为17 710亿元，2021年数据为初步核算数据。据相关数据的后续调整以自然资源部最终核实反馈为准。

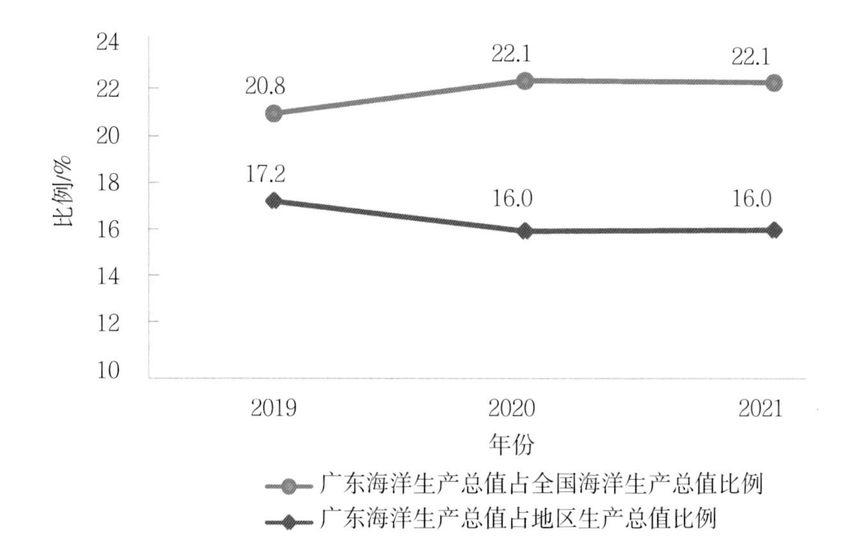

图1-2　2019—2021年广东海洋生产总值占全国海洋生产总值与地区生产总值比例

海洋产业结构进一步优化。2021年全省海洋三次产业结构比为2.5：27.5：70.0，海洋第一产业比重同比下降0.2个百分点，海洋第二产业比重同比上升1.4个百分点，海洋第三产业比重同比下降1.2个百分点（图1-3），涉海制造业在海洋经济发展中的贡献作用持续增强。2021年全省主要海洋产业增加值为5 723亿元，同比增长13.3%；海洋科研教育管理服务业增加值为8 922亿元，同比增长10.2%；海洋相关产业增加值为5 296亿元，同比增长16.1%（图1-4、图1-5）。

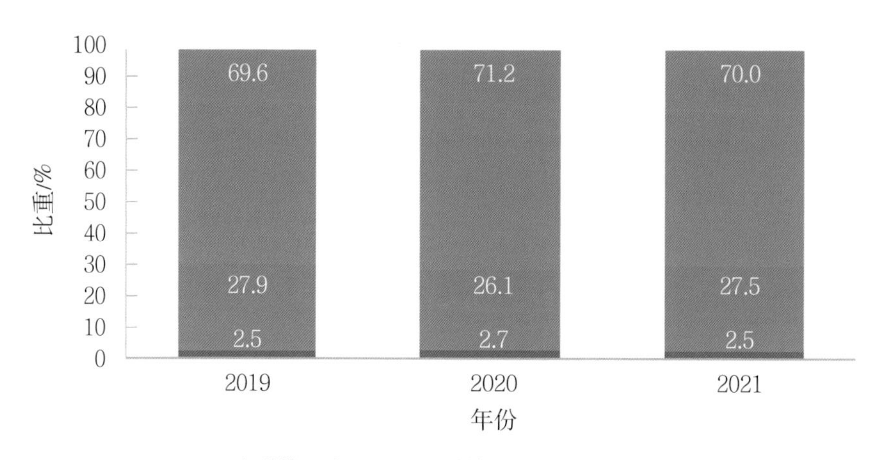

图1-3　2019—2021年全省海洋三次产业增加值占海洋生产总值比重

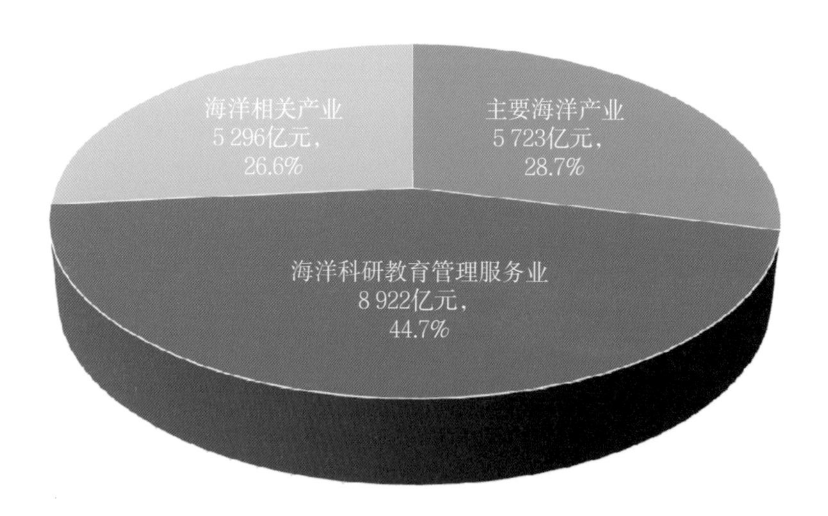

图1-4　2021年全省海洋生产总值构成

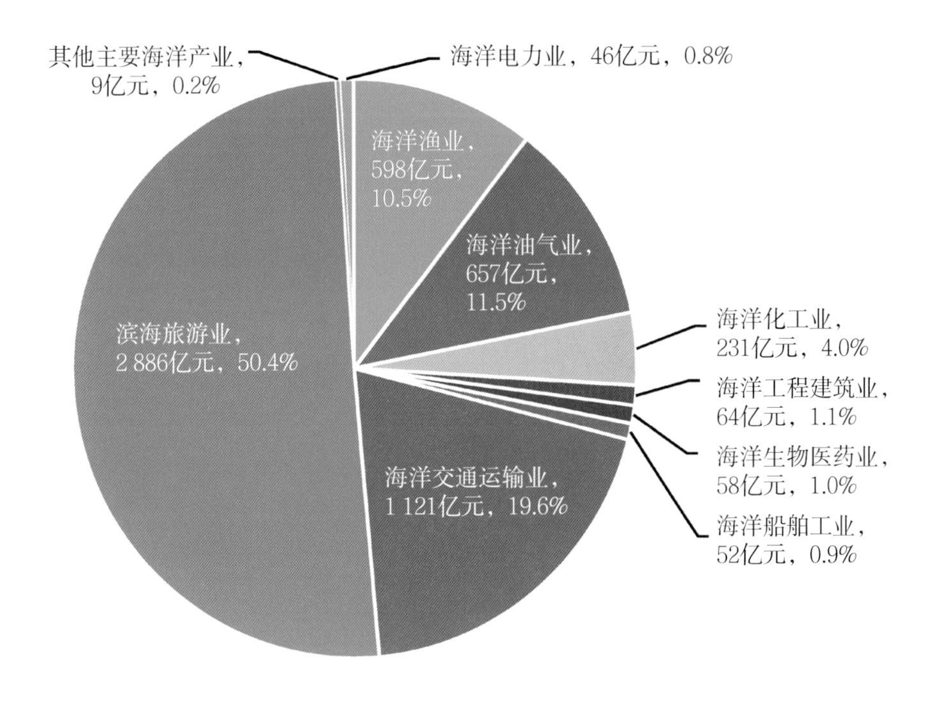

图1-5　2021年全省主要海洋产业增加值构成[1]

二、区域海洋经济发展

珠三角核心区海洋经济发展能级不断提升。海洋产业体系不断健全，形成了海洋先进制造业与现代服务业互补互促、协同发展的产业格局。海洋科技要素流动加速，已建成一批高水平涉海创新载体和大科学装置。涉海制造业优势不断凸显，已形成广州、深圳、珠海和中山等船舶与海工装备

①图1-5中其他主要海洋产业包括海洋矿业、海水利用业和海洋盐业。部分数据因四舍五入的原因，存在总计与分项合计不等的情况。

制造基地。世界级港口群加速形成，拥有6个亿吨大港，广州、深圳的国际枢纽港功能不断增强。基础设施互联互通进程加快，粤澳新通道（青茂口岸）开通启用，“轨道上的大湾区”加快形成。横琴、前海两个合作区建设初见成效，截至2021年12月，横琴实有澳资企业4 761家；前海累计注册港资企业1.19万家，其中注册资本为1 000万美元以上的港资企业累计近3 000家，逐步建成海洋经济开放合作的示范样板和前沿阵地。

沿海经济带东西两翼产业支撑作用更加强劲。海上风电、海工装备、海洋生物、绿色石化、滨海旅游等产业稳步壮大，产业链不断延伸，一批高水平海洋产业集群被持续打造。湛江巴斯夫（广东）一体化基地、中科（广东）炼化一体化、茂名烷烃资源综合利用、汕尾陆丰核电、揭阳大南海石化、汕头大唐南澳勒门I海上风电等重大项目加快推进。揭阳GE海上风电机组总装基地竣工投产，阳江风电装备制造产业基地“一港四中心”加速构建，世界级沿海经济带优势逐渐显现。

三、海洋科技创新发展

海洋科技创新成果丰硕。2021年全省涉海单位专利授权总数为33 957件，同比增长26.5%。其中，发明专利授权数量为20 288件，同比增长31.4%；实用新型专利授权数量为11 764件，同比增长24.2%；外观设计专利授权数量为1 905件，同比下降1.8%。海洋电子信息、海上风电、海洋工程装备、海洋生物、海洋新材料等领域的研究取得重大突破。其中，获评2021年度海洋科学技术奖特等奖的2个、一等奖3个、二等奖8个；获评2021年度广东省科学技术奖项一等奖5个、二等奖10个；获评2021年度中国水运建设行业协会科技进步奖项二等奖3个。

关键技术及应用实现新突破。国内首艘专业风电运维船“中国海装001”号下水。国内首款独立自主研发设计和制作的百米级超长碳玻混叶片成功下线。首次实现半潜式重吊平台在国内海上风电大直径单桩基础施工中的应用。国产16兆瓦全球最大海上风机获DNV（挪威船级社）颁发的可行性声明。漂浮式海上风电成套装备研制及应用示范项目完成一体化仿真初步设计。全球最大的半直驱风电机组MySE 16.0-242机型通过DNV和CGC（北京鉴衡认证中心）的设计认证。全球首个芋螺（桶形芋螺）的全基因组序列被成功破译。国内首个自营1 500米深水大气田“深海一号”投产。国内设计排水量最大、综合科考性能最强的海洋综合科考实习船“中山大学”号投入使用（图1-6）。

图1-6　海洋综合科考实习船“中山大学”号
（中山大学官方网站供图）

四、海洋产业数字化发展

数字技术与海洋产业融合加深。全省391千米沿海航道建成电子航道图。广东船舶工业企业通过“云上操作”交付火车专用运输船“切诺基”号、2038TEU支线集装箱船。广州港南沙港区四期工程完成定制化5G覆盖，打造行业领先的5G+IGV（无人驾驶智能导引车）全自动化码头（图1-7）。珠海成立“5G+无人船”创新实验室。宝钢湛江钢铁有限公司建成国内行业首个独立5G工业专网。

图1-7　广州港南沙港区四期工程打造全球首个5G+IGV全自动化码头
（广州港集团有限公司供图）

五、对高质量发展的支撑作用

（一）服务保障地区经济平稳发展

助推地区经济社会发展的强劲动力引擎。海洋经济“引擎”作用持续发力，2021年全省海洋生产总值增速高于地区生产总值增速0.3个百分点，海洋经济对地区经济增长的贡献率达到16.4%，拉动地区经济增长2.0个百分点。海洋战略性新兴产业增加值增速达35.7%，占全省海洋生产总值比重不断提升，带动海洋产业结构不断优化。全省涉海“四上企业”①6 186家，累计从业人数97.8万人，同比增长6.2%，占全省“四上企业”总从业人数的4.0%。中国（广东）自由贸易试验区成立以来，累计落户外资企业超1.5万家，2021年实际利用外资82.4亿美元，同比增长3.8%。

强化地区经济社会发展的资源要素保障。海水产品是保障粮食安全的重要组成部分，2021年全省海水产品供应充足，海水产品产量达455万吨，位居全国前列。精准有力保障重大项目用海需求，2021年省级批准用海面积2 400公顷，共批复新建汕头至汕尾铁路、崖门出海航道二期工程、巴斯夫智能化仓储物流项目等14宗项目用海。加大海砂资源供给力度，完成4宗海砂项目挂牌出让，海砂资源储量合计4 165万立方米，保障了国家和省重大项目的用砂需求。保障能源安全稳定供应，海洋天然气产量为132.5亿立方米，

① “四上企业”是指规模以上工业企业（年主营业务收入2 000万元及以上的工业法人单位）、资质等级建筑业企业（有总承包、专业承包和劳务分包资质的建筑业法人单位）、限额以上批零住餐企业（年主营业务收入2 000万元及以上的批发业、年主营业务收入500万元及以上的零售业、年主营业务收入200万元及以上的住宿和餐饮业法人单位）、规模以上服务业企业（年营业收入1 000万元及以上，或年末从业人员50人及以上的服务业法人单位）四类规模以上企业的统称。

同比增长0.7%；海洋原油产量为1 744.7万吨，同比增长8.2%；新增投产海上风电项目17个，并网容量549万千瓦，新增海上风电接入总量占全国近三分之一；核能发电量为1 204亿千瓦时，同比增长3.7%。三角岛等海水淡化厂陆续建成投产，为海岛水资源安全提供重要保障。

（二）助力打造新发展格局战略支点

构建陆海联动的高质量综合交通运输体系。2021年，广东积极推进深中通道、湛江港30万吨级航道改扩建、广澳港区疏港铁路等一系列跨海通道、港口航道、疏港铁路等重点海洋交通基础设施项目建设，同步完善粤港澳大湾区、汕潮揭都市圈、湛茂都市圈城际快速交通网络，综合交通网络规模和质量显著提升。

畅通内联外接的海铁联运大通道。截至2021年，全省共开通国际集装箱班轮航线362条，航线网络覆盖世界主要贸易港口。缔结友好港口90对，其中与“一带一路”沿线国家港口结对49对。广州港开通湘粤非国际海铁联运班列、中欧班列等，通往全球100多个国家和地区的400多个港口。深圳港全年国际班轮航线数量达到302条。内外高效联通的交通运输网络加快构建，为广东增强全球资源要素配置能力提供有力支撑。

深化合作共赢的蓝色伙伴关系。2021年，广东与

“一带一路”沿线国家进出口总额超2万亿元，同比增长16.3%，位居全国前列。广东与《区域全面经济伙伴关系协定》（RCEP）成员国家进出口总额为2.3万亿元，同比增长13.5%，占同期全省外贸总额的28.2%。2021年中国（广东）自由贸易试验区进出口总额为3 968亿元，同比增长19.8%，其中，进口1 994.4亿元，同比增长2.1%；出口1 973.6亿元，同比增长45.1%。成功举办2021广东21世纪海上丝绸之路国际博览会、首届广东国际海洋装备博览会。

（三）筑牢蓝色生态安全屏障

构建海洋生态安全保护格局。深入贯彻习近平生态文明思想，坚定不移筑牢生态安全屏障。印发《广东省红树林保护修复专项行动计划实施方案》，提出实施红树林整体保护等6项举措。实施红树林保护修复专项行动计划，2021年全省新营造红树林面积214公顷。统筹推进海岸线保护与利用、海岸带生态保护修复、海洋防灾减灾、“蓝色海湾”综合整治、美丽海湾建设等规划和行动。高质量建设万里碧道2 075千米，地表水国考断面水质优良率达89.9%，近岸海域水质优良率达90.2%，创国家实施考核以来最高水平。

助力碳达峰碳中和战略实施。海上风电是能源转型的主力军，是广东践行“双碳”战略目标的重要支撑。截至2021年，全省累计建成投产海上风电项目装机约651万千瓦，每年可节约标煤约575万吨，可减少二氧化碳排放约1 530万吨。以红树林为主的“蓝碳”生态系统为实现“双碳”目标发挥积极作用（图1-8），湛江红树林造林项目完成首笔5 880吨二氧化碳减排量交易，是我国开发的首个“蓝碳”交易项目。

图1-8　湛江高桥镇红树林
（郭文聪供图）

第二节　主要海洋产业发展概况

一、保障能源、食品和水资源安全的海洋产业

海洋可再生能源利用业。2021年，全省海洋电力业增加值为46亿元，同比增长81.5%。海上风电项目新增投资超700亿元，完成年度投资计划的167.8%。截至2021年年底，全省共有21个海上风电项目实现机组接入并网，累计并网总容量突破650万千瓦。全球首台抗台风型漂浮式海上风机成功并网发电。大万山岛兆瓦级波浪能试验场获用海审批。亚洲在运单体容量最大的海上风电项目——国家电投湛江徐闻60万千瓦海上风电场项目全容量并网（图1-9）。

海洋油气业。2021年，全省海洋油气业增加值为657亿元，同比增长43.1%。海洋原油、天然气产量分别为1 744.7万吨和132.5亿立方米，同比增长8.2%和0.7%。国内首个自营深水油田群——流花16-2油田群全面建成投产。陆丰油田群区域开发项目成功投产，标志着南海首次实现3 000米以上深层油田规模化开发。探明我国在珠江口盆地自营勘探发现的最大油气田——惠州26-6油气田油气层厚度超过400

图1-9　国家电投湛江徐闻60万千瓦海上风电场项目
（国家电投集团徐闻风力发电有限公司供图）

米，地质储量为5 000万立方米油当量。

海洋化工业。2021年，全省海洋化工业增加值为231亿元，同比增长14.4%。世界级绿色石化产业集群加速建设，形成炼油7 000万吨/年、乙烯430万吨/年、芳烃85万吨/年的生产能力，分别约占全国的8%、17%、6%。全球规模最大、中国首套260万吨/年浆态床渣油加氢装置建成投产。中海壳牌二期项目全面投产，茂名烷烃资源综合利用项目加快推进，埃克森美孚惠州乙烯项目开工建设。

海洋渔业和海洋水产品加工业。2021年，全省海洋渔业和海洋水产品加工业增加值为598亿元，同比增长5.1%。全省海水养殖产量为336.2万吨，同比增长1.5%；海洋捕捞产量为112.7万吨，远洋捕捞产量为6.1万吨，海水鱼苗量为43.6亿尾，海洋水产品加工总量为105.8万吨。国内首个渔业安全港长制管理平台试点启动。省内首个商业化半潜式深远海智能养殖旅游平台签约建造。广州番禺、汕头南澳国家级沿海渔港经济区启动建设。水产新品种“建鲤2号”通过全国水产原种和良种审定委员会审定。

海水利用业。2021年，全省海水利用业增加值为4.3亿元，同比增长22.9%。全年海水淡化的产水量为1 325.5万吨①，全年海水冷却利用量为535.3亿立方米②。珠海三角岛海水淡化供水保障项目一期建成投产，设计产水量为550吨/日。

海洋矿业。2021年，全省海洋矿业增加值为4.7亿元，同比增长30.6%。湛江徐闻东部海域4宗海砂开采用海项目完成海域使用权和海砂采矿权“两权合一”的市场化出让，海砂资源储量合计4 165万立方米。

海洋盐业。2021年，全省海洋盐业增加值为0.3亿元，同比下降40.0%。省盐业集团下属盐场（包括徐闻盐场、雷州盐场、阳江盐场）全年海盐生产面积为950公顷，同比减

①该数据为已建成海水淡化项目在2021年度的实际产水量。
②该数据为2021年度海水冷却项目的海水取用量。

少3.2%；海盐产量为4.5万吨，同比减少14.6%。

二、海洋优势产业

海洋船舶工业。2021年，全省海洋船舶工业增加值为52亿元，同比增长8.3%。全省造船完工量为232.1万载重吨，同比下降13.3%；新承接船舶订单量为478.7万载重吨，同比增长77.2%；手持船舶订单量为819.2万载重吨，同比增长42.1%；民用钢制船舶产量为71.7万载重吨，同比下降20.2%。为“一带一路”沿线国家阿尔及利亚建造的1 800客/600车豪华客滚船、首艘双燃料多用途气体运输船“宏利”轮、全球最大双层变轨滚装火车船2#船“玛雅”号、自主设计和建造的大型火车专用运输船“切诺基”号交付，全新一代智能型挖泥船成功试航。

海洋工程装备制造业。2021年，全省海洋工程装备完工量为16座（艘），同比增长45.0%；新承接海洋工程装备订单量为20座（艘），同比增长186.0%；手持海洋工程装备订单量为29座（艘），同比下降40.0%。国内7 800千瓦超大型智能化自航绞吸挖泥船“昊海龙”号完成试航。全球首艘智能大型公务船“海巡09”轮（图1-10）、大型深远海养殖平台“湾区横洲号”完成交付。亚洲第一深水导管架——流花11-1导管架开工建造。我国自主设计和建造的重量最大、设备国产化率最高的海上原油生产平台——陆丰14-4平台完成安装。国内首艘2 000吨自升自航式一体化海上风电安装平台开工建造。

海洋交通运输业。2021年，全省海洋交通运输业增加值为1 121亿元，同比增长13.8%。完成沿海港口货物吞吐量18亿吨，同比增长3.3%，其中，外贸货物吞吐量同比增长11.2%。完成沿海港口集装箱吞吐量6 429万标准箱，同比增长6.4%。截至2021年年底，全省沿海生产用泊位数量为1 273个。湛江港建成华南第一个可满载靠泊40万吨级船舶的世界级深水港；首列从广州港始发的“港铁号”海铁联运

图1-10　全球首艘智能大型公务船“海巡09”轮

（中船黄埔文冲船舶有限公司供图）

中欧班列发车，创下中欧班列开行以来货值历史新高；盐田港亚太—泛珠三角—欧洲国际集装箱多式联运等示范工程加快建设；深圳港南山港区妈湾智慧港投入运营。

海洋旅游业。2021年，全省海洋旅游业增加值为2 886亿元，同比增长9.0%。全省14个沿海城市接待游客3.7亿人次，旅游收入达4 647.2亿元，同比增长分别为28.5%和18.5%；接待入境过夜游客352.1万人次，旅游收入为136.4亿元，同比下降分别为28.6%及10.4%[①]。全年新增滨海类A级旅游景区5个，现有滨海类A级旅游景区34个；新增滨海类省级旅游度假区2个，现有滨海类省级以上旅游度假区8个。全省14个沿海城市文化和旅游行政部门联合签署《广东滨海（海岛）旅游联盟章程》，成立广东滨海（海岛）旅游联盟。全国首个采用“公益+旅游”模式开发的无居民海岛——三角岛完成客运码头等基础设施建设。成功举办第十七届中国（深圳）国际文化产业博览交易会、第十九届南海（阳江）开渔节暨2021年南海（阳江）渔业海钓装备展览会。

海洋工程建筑业。2021年，全省海洋工程建筑业增加值为64亿元，同比增长12.3%。港口项目完成固定资产投资

①自2021年开始执行《全国文化文物和旅游统计调查制度》，接待游客人次数据包含过夜游客数据及一日游游客数据，沿海城市接待游客人次数据为沿海各城市接待游客数据汇总除以当年平均浏览城市数。

153.4亿元，同比增长22.1%。调顺跨海大桥、博贺湾大桥、水东湾大桥等建成通车（图1-11）。全球最大跨径的海中钢箱梁悬索桥——深中通道伶仃洋大桥首座主塔完成封顶，深中通道中山大桥首片钢箱梁成功吊装。中国最深的海底隧道——深圳至江门铁路珠江口隧道工程首台盾构机“深江1号”始发掘进。黄茅海跨海通道首片节段梁成功架设。广汕铁路长沙湾特大桥新建幅主墩桩基已全部完成。广州港南沙港区近洋码头、湛江港30万吨级航道改扩建工程等项目完工。

三、海洋新兴和前沿产业

海洋电子信息产业。产学研协同创新平台建设稳步推进，产业智能化、无人化趋势明显。广东省科学院与南方海洋科学与工程广东省实验室（广州）签署共建“海洋遥感大数据应用研究中心”框架协议。深圳推进全球海洋大数据中心建设。深圳海洋电子信息产业研究院揭牌，助力打造“海洋电子信息+”特色产业链。国内首艘智能型无人系统母船

图1-11　茂名水东湾大桥建成通车
（茂名市自然资源局供图）

开工建设，国内首个自主研发建造的海底数据舱落地珠海。广州港南沙港区四期工程实现装卸船系统联调。具备全球领先集群技术和自主航行能力的便携式多波束测量无人船正式推出（图1-12）。新一代高频海洋探测仪和三维浅剖仪完成研制。

海洋生物医药业。2021年，全省海洋生物医药业增加值为58亿元，同比增长13.7%。科研平台建设持续加强，核心技术研发成果显著。中山大学获科技部批准建设国家级对外科技合作平台——中国—东盟海水养殖技术“一带一路”联合实验室。全球首个基于全基因组测序和组装的巴沙鱼染色体水平基因组发表。

天然气水合物。初步预测南海天然气水合物资源规模达744亿吨油当量。初步判识确定了两大天然气水合物成藏富

图1-12　便携式多波束测量无人船
（珠海云洲智能科技股份有限公司供图）

图1-13　国产自主天然气水合物钻探和测井技术装备海试

（深圳市规划和自然资源局供图）

集带和三大水合物富集区，取得了该区天然气水合物勘查的阶段性重大成果。国产自主天然气水合物钻探和测井技术装备海试任务完成海试作业（图1-13）。自主研制出国际首套有效体积2 585升、最大模拟海深3 000米的大尺度、全尺寸开采井天然气水合物三维综合试验开采系统。天然气水合物勘查开发国家工程研究中心获国家发展改革委批复建设。

海洋公共服务业。海洋金融产业加速发展，2021年，国家开发银行广东分行发放涉海贷款64亿元，支持海上风电、海洋化工、海洋基础设施、海洋运输等一批项目建设。积极筹建国际海洋开发银行。探索设立以市场化运作为主的广东省海洋经济创新发展基金。广东省海洋监测与观测工程技术研究中心启动建设。开展“十四五”粤港澳大湾区海岸带测绘地理信息工程项目试点工作，为海洋资源精细化综合管理提供保障。

第二章 2021年海洋经济重点工作

第一节 强化顶层设计

一、加强海洋强省建设系统谋划

按照党中央、国务院关于发展海洋经济、推进海洋强国建设的部署，广东从全局和战略高度出发，谋划和编制了海洋强省建设政策文件及三年行动方案，明确了新时期海洋强省建设的具体任务、工作路线和保障措施，为全面推进海洋强省建设作出全面部署。以横琴、前海两个合作区建设为牵引，带动粤港澳大湾区海洋经济高质量发展。全面落实横琴、前海两个合作区建设方案，出台并实施省级若干支持措施，推动横琴高水平建设横琴国际休闲旅游岛、前海加快建设现代海洋服务业集聚区。

二、强化海洋经济规划引领

省政府印发《广东省国民经济和社会发展第十四个五年规划和2035年远景目标纲要》，对大力发展海洋经济进行专章部署，明确提出“积极拓展蓝色发展空间 全面建设海洋强省”，着力优化海洋经济布局，提升海洋产业国际竞争力，推进海洋治理体系与治理能力现代化，打造海洋高质量发展战略要地。经省政府同意，出台《广东省海洋经济发展“十四五”规划》，提出到2025年实现海洋经济发展取得新成效、海洋科技创新实现新突破、海洋生态文明建设达到新高度、海洋开放合作迈向新台阶和海洋治理效能获得新提升等5个目标，明确了6大重点任务，提出了5项重点改革举措，部署了6项重大工程，加快海洋强省建设步伐。

第二节　推动海洋科技创新

一、加速推进海洋科技创新平台建设

加快构建全省“实验室+科普基地+协同创新中心+企业联盟”四位一体的自然资源科技协同创新体系。截至2021年年底，全省建有覆盖海洋生物技术、海洋防灾减灾、海洋药物、海洋环境等领域的省级以上涉海平台超过145个，其中，国家级重点实验室4个，省级实验室3个，省级工程技术研究中心137个，省海洋科技协同创新中心1个。广东海上丝绸之路博物馆、中国科学院南海海洋研究所、广东海洋大学水生生物博物馆等5个涉海单位入选2021—2025年全国第一批科普教育基地。广东省智能海洋工程制造业创新中心获批建设。高水平科技创新人才和高端创新资源不断集聚，全省海洋领域的科研基础条件持续夯实，原始科技创新能力稳步提升。全省现有认定涉海高新技术企业609家。

二、加快建设南方海洋科学与工程广东省实验室

南方海洋科学与工程广东省实验室（广州）牵头启动的

冷泉装置预研项目被成功列入国家“十四五”重大科技基础设施规划并获立项；参与推进的天然气水合物钻采船建设项目立项和被列入国家重大科技基础设施系列管理，支持钻采船核心科学技术与关键装备的研发与建造；岛礁可持续发展工程国家重点实验室被纳入科技部、中国科学院重组国家重点实验室规划指南和实施方案。组织实施的“冷泉”联合科考航次顺利返航。“实验6”新型地球物理综合科学考察船实现首航。深圳分部海洋机器人与动力系统特色实验室揭牌。汇聚了包括16个院士团队在内的47支高层次科研队伍。截至2021年，累计获得授权专利40项、软件著作权32项，出版专著6部。

南方海洋科学与工程广东省实验室（珠海）海洋数据中心获批建设粤港澳大湾区海洋5G创新平台项目。自主研制的分布式超声探测设备具备了国际领先的万公里量级光纤振动监测技术。研发的国内首艘用于岛礁地基施工的深层水泥搅拌船（DCM船），解决了桩体质量失控的技术难题。围绕海洋环境与资源、海洋工程与技术、海洋人文与考古三大研究方向布局建设18个创新团队，推进标志性成果产出，2021年获得专利权授权67项、软件著作权6项，出版专著26部，获各类科技及人才奖励75项。

南方海洋科学与工程广东省实验室（湛江）完成了智能

渔业养殖网箱设计开发，具备1万~25万立方米的智能渔业养殖网箱设计能力，并研发出系列智能配套系统样机。开发了国内首套50千瓦级海洋温差能发电系统实验测试平台，研制了国内第一台深海油气探测可控震源系统试验样机。突破了高体鰤人工繁殖技术，为深远海养殖奠定种苗基础。攻克了海洋蛋白及多肽等高值化利用关键技术，开发了系列功能性食品。首次从麒麟菜多肽中提取出具有抗癌活性的小分子化合物，取得自主知识产权。首个院士工作站（海洋勘探地球物理与探测装备研究林君院士工作站）和首个院士工作室（海水鱼类遗传育种研究刘少军院士工作室）揭牌成立，设立了红树林保护研究中心。2021年获得授权专利28项、软件著作权11项，出版专著2部，开发新产品6个、产品样机7套。

三、支持海洋六大产业创新发展

持续支持海洋六大产业关键核心设备和“卡脖子”技术攻关。2021年省级促进经济高质量发展专项（海洋经济发展）共支持海洋电子信息、海上风电、海洋工程装备、海洋生物、天然气水合物、海洋公共服务等六大产业项目32个，经费总额为2.91亿元。已验收的项目申请专利222项[①]，获得

①《报告》统计的“已验收的项目申请专利数”是2021年当年验收项目的申请专利数，对项目立项时间不作区分。

软件著作权授权35项（表2-1）。2018—2021年省财政共安排20.75亿元支持阳江海上风电发展。设立省海上风电补贴专项资金，对2018年年底前完成核准、2022—2024年全容量并网的省管海域项目进行补贴。

完善海洋科技创新体制机制。继续发挥广东海洋创新联盟、广东海洋协会的作用，召开海洋经济高质量发展企业家座谈会暨广东海洋创新联盟座谈会，促进海洋六大产业单位共商、共建、共享，强化海洋科技信息交流，推动海洋产业链、供应链、创新链融合发展。

表2-1　2021年省级促进经济高质量发展专项（海洋经济发展）资金支持情况

产业类别	项目（个）	经费总额（万元）	已验收的项目申请专利（项）	软件著作权授权（项）
海洋电子信息	6	4 500	13	6
海上风电	5	7 000	9	—
海洋工程装备	6	9 000	6	3
海洋生物	7	3 000	96	1
天然气水合物	4	4 000	65	5
海洋公共服务	4	1 600	33	20
合计	32	29 100	222	35

第三节　完善海洋治理体系

一、健全海洋管理法规制度

推进《广东省海岛保护条例》立法，规范海岛保护、利用管理。出台《海岸线占补实施办法（试行）》，在全国率先建立海岸线占补制度，保障岸线占用与修复补偿相平衡。印发《关于加强养殖用海管理工作的通知》，进一步规范全省养殖用海管理。印发《关于降低养殖用海海域使用金征收标准的通知》，合理降低养殖用海海域使用金征收标准。出台《广东省海洋协管员管理制度（试行）》，健全违法用海、用岛行为巡查发现机制。研究起草《广东省自然资源厅海砂开采海域使用权和采矿权出让工作规范》《广东省海砂开采监督管理办法》，进一步健全完善海砂资源开发利用监管体系。

二、加强海域海岛精细化管理

全面完成海岸线修测工作，累计修测海岸线总长度超5 900千米（含双线），岸线总长度约占全国岸线总长度的1/5，修测成果率先通过自然资源部审查。深入推进“阳光用海”工程，省、市、县三级联通的海域（海岛）审批系统正式启动运行。组织开展全省养殖用海调查工作，累计核查围海养殖图斑19 078个，开放式养殖图斑4 101个。探索推动养殖用海海域使用权由行政审批逐步向市场化配置转变。全面推进湛江、珠海、汕头、汕尾等市海砂市场化出让。全力推进围填海历史遗留问题处理方案备案工作。制定并实施《广东省海洋数据分类与代码》（T/CSO 2—2022）团体标准。

推动无居民海岛历史遗留问题用岛分类处置工作，完成130个无居民海岛历史遗留问题现状勘定。加快推进三角岛“公益+旅游”模式建设，探索形成全国首个可复制推广的整岛保护修复与利用的标杆与典范（图2-1）。

三、从严开展海洋执法工作

开展粤桂琼三省（区）联合巡护海底电缆行动，打击在海底光缆、电缆两侧500米范围内拖网渔船作业、抛锚、打桩等各类违法行为。建立省、市、县上下联动，涉海单位齐抓共管新模式，推进近岸海域污染防治联合行动，开展“沙滩共享”专项清理工作，摸底调查公共沙滩共268个，基本解决公共沙滩各种形式的“私有化”“私属化”。重点围绕海域使用、无居民海岛开发利用和海底电缆管道保护等领域，开展“海盾2021”海洋资源开发利用专项执法行动。

2021年共查处海洋环境违法案件96宗、涉渔案件4 242宗，打击查处涉渔“三无”船舶3 100艘。开展“碧海2021”海洋生态环境保护专项执法行动，集中整治海洋污染与生态破坏突出问题。广东海警局、广东省公安厅联合海关缉私、海事、海洋综合执法及市场监管部门，会同香港水警开展“清

图2-1　三角岛“公益+旅游”模式建设现场航拍照
（广东省海洋发展规划研究中心供图）

湾行动”，破获涉走私案件55宗，查获非法船舶860艘，查处非法船厂49家、非法冷库及交易场所62个。成立由省公安厅、省自然资源厅、省生态环境厅等10个部门组成的专案组，对珠三角地区部分水域存在的非法泡洗海砂、山砂问题开展专项联合执法行动。

第四节　推进海洋生态建设

省级财政下达2.68亿元专项资金支持红树林保护修复、重点海湾整治、海岸线生态修复等，筑牢生态保护屏障。珠海获批中央财政资金2.5亿元以开展海洋生态保护修复。湛江以红树林营造为主的海洋生态保护修复项目获得3亿元中央

图2-2　中国南海珊瑚
（谢墨供图）

财政资金支持。大鹏湾、青澳湾入选生态环境部评选的2021年全国8个美丽海湾优秀案例。汕头市南澳县“生态立岛”促进生态产品价值实现案例获评自然资源部第三批生态产品价值实现典型案例。深圳前海、珠海横琴、汕头南澳以及中山翠亨、神湾等第一批“碳达峰”“碳中和”试点示范建设积极推进。深圳首个生态环境损害赔偿替代性修复项目签约。2021年中国珊瑚普查广东站在深圳市大鹏新区启动（图2-2）。省委办公厅、省政府办公厅印发《关于建立以国家公园为主体的自然保护地体系的实施意见》，建立以国家公园为主体、自然保护区为基础、各类自然公园为补充的自然保护地分类系统，切实保护生物多样性。

认真落实中央生态环境保护督察组和省委、省政府部署要求，全力配合做好国家自然资源督察海洋专项督察工作，以督察为契机，进一步健全海洋资源保护和利用管理长效机制，协同推进海洋经济发展和海洋生态文明建设。

第五节　强化海洋防灾减灾

一、全力做好海洋灾害防御工作

2021年，全省共发布海洋日常预报365期、海浪警报50期、风暴潮预警报23期、赤潮监测预警专报26期；成功防御6个台风等海洋灾害，减轻其对我省的影响，共转移避险5 075人。全省海域范围内未收到发生人员伤亡的海洋灾害灾情报告。发布《2020年广东省海洋灾害公报》，增强社会公众的海洋防灾减灾意识。

二、加快提升海洋预警监测能力

印发《进一步提升广东省海洋预警监测能力工作方案》，完善海洋观测设施管理工作机制。加强海洋生态预警监测，组织编制《广东省赤潮灾害应急预案》。开展海洋观测站点巡检，完成茂名博贺渔港观测站点的运行维护和马鞭洲海洋站的迁建工作。针对重点海域赤潮事件和核电冷源海域海生物聚集事件提供赤潮和海洋生态监测预警服务，发布赤潮监测预警专报和海洋生态监测预警专报。

三、积极开展海洋灾害风险普查

2021年，完成汕头市南澳县海洋灾害风险普查试点工作，并以试点经验为工作基础，展开全面部署，推动全省14个沿海城市同步开展海洋灾害风险普查工作，逐步形成广东省海洋灾害防御综合风险普查成果（图2-3）。

图2-3　海洋灾害风险普查现场调查
（广东省海洋发展规划研究中心供图）

第六节　提升海洋经济管理决策水平

一、开展海洋经济运行监测与评估工作

健全海洋经济调查指标体系，印发实施《广东省海洋经济统计调查制度》。开展全省海洋经济活动单位名录更新工作，初步形成8万余家海洋经济活动单位名录。完善涉海行业数据共享机制，定期发布海洋经济数据。提升涉海企业监测能力，参与联网直报的涉海企业数量稳居全国沿海省（区、市）第一。

二、完善省市两级海洋生产总值核算体系

建立健全市级海洋经济核算与审核评估工作规范，完成2016—2020年全省14个沿海地级以上城市海洋生产总值的初步核算及数据上报，为后续制订海洋经济发展目标、开展海洋经济发展成效评价提供坚实支撑。

三、强化海洋经济发展研究分析

首次发布《2021广东省海洋经济发展指数》，客观评

价2015—2020年广东海洋经济发展质量，为指导与调节海洋经济和引导社会对海洋经济的发展预期提供依据。探索海洋经济数据可视化应用，初步实现涉海企业空间分布“一张图”“一套数”，以及数据挖掘和多维度分析展示。广东海洋协会组织编写《广东省海洋六大产业发展蓝皮书2021》，全面呈现和总结海洋六大产业发展现状，绘制了各产业链的全景图谱，为政府决策提供有力支撑。

第三章

2021年广东地市海洋经济发展情况

第一节　珠三角地区

珠三角地区地处我国沿海开放前沿，是广东海洋经济发展基础最好、发展水平最高的区域，在“一带一路”建设中具有重要地位。重点发展海洋高端制造业、海洋新兴产业、海洋科研教育以及海洋服务业，与香港、澳门在海洋交通运输、海洋工程装备制造、邮轮旅游等领域的合作不断加强，已形成海洋船舶工业、海洋工程装备制造业等一批规模和水平居世界前列的海洋产业基地。拥有吞吐量位居世界前列的广州港、深圳港等重要港口，便捷、高效的现代综合交通运输体系加速形成。海洋科技创新要素吸引力强，拥有一批在全国乃至全球具有重要影响力的高校、科研院所、高新技术企业和国家大科学工程。2021年珠三角地区海洋经济发展亮点见图3-1。

一、广州

海洋产业出新出彩。海洋交通运输、海洋工程建筑、海洋科研教育管理服务等优势产业提质升级。南中高速、广州

LNG应急调峰气源站配套码头、深圳至江门铁路、环大虎岛公用航道、狮子洋通道等重大项目建设加快推进。在《2021新华·波罗的海国际航运中心发展指数报告》中，广州港排名由2019年的全球第16位跃升至2021年的全球第13位，国际航运综合服务能力进一步提升。设立航运产业投资基金，支持符合条件的企业发行债券、股权融资，推动船舶融资租赁业发展，丰富涉海企业融资渠道。挖掘海洋文化基因，挂牌广州市海洋科普教育基地。加强海洋文化宣传，以交通媒介为载体投放宣传海报及视频，覆盖人流量约为500万人次/天。

海洋科技亮点突出。国家重大平台建设取得新进展。南方海洋科学与工程广东省实验室（广州）核心园区已竣工。广州海洋地质调查局深海科技创新中心整体入驻。天然气水合物钻采船（大洋钻探船）南部码头和岩心库项目、极端海洋动态过程多尺度自主观测科考设施建设顺利推进。推动冷泉生态系统研究大科学装置列入国家“十四五”重大科技基础设施规划。

海洋治理成效显著。开展海洋治理体系和治理能力现代化研究，探索构建海洋治理体系和治理能力现代化指标体系。广州全民所有自然资源资产所有权委托代理机制试点被纳入国家试点任务。海鸥岛红树林海岸升级改造与生态修复

广州市

设立航运产业投资基金。挂牌广州市海洋科普教育基地。广州海洋地质调查局深海科技创新中心整体入驻。

中山市

海上风电运维船“精铟301”完成交接。中山火炬区生物医药产业园获评广东省首批特色产业园。

佛山市

建成深海照明工程技术联合实验室，完成5个系列深海照明产品的研发。

江门市

江门大广海湾保税物流中心（B型）封关运作。“双碳”实验室揭牌成立，13个“双碳”产业项目签约。

珠海市

珠海“湾区横洲号”深远海养殖平台交付。广东省海洋工程装备产业计量测试中心成立。

惠州市

惠州石化能源产业集群形成年产能2 200万吨炼油、220万吨乙烯炼化一体化规模。中广核惠州港口一海上风电场项目已实现全容量并网发电。

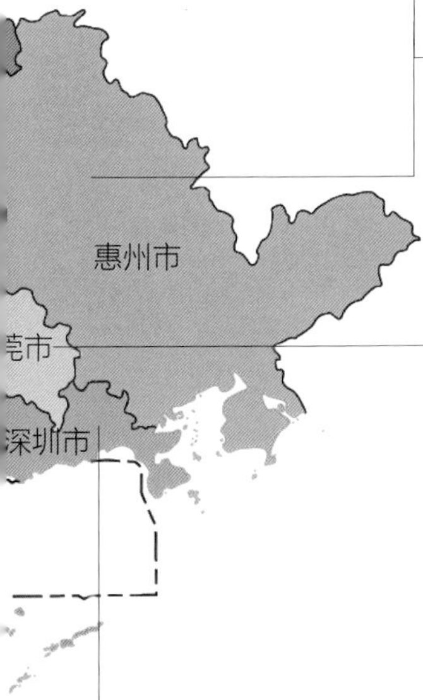

东莞市

自主研发的HUSTER-68无人艇和无人机于国内首次实现视觉自主无人机艇协同运动起降。

深圳市

深圳海洋大学、国家深海科考中心成功落户。中国首艘悬挂五星红旗的高端游轮“招商伊敦”号正式投入运营。

图3-1　2021年珠三角地区海洋经济发展亮点

（广东省海洋发展规划研究中心供图）

审图号：粤S（2022）045号

项目完成岸线修复长度3 910米，新种红树林6.4公顷。南沙虎门大桥北侧岸段生态修复项目完成验收。建成较完善的海洋综合观测系统，加大海洋预警预报和监测力度。现有33个海洋自动观测站位，包括5套海洋观测浮标站、13套岸基站、15套海况视频站等海洋观测设备。2021年共发布风暴潮警报3期、海浪警报1期、赤潮预测53期、预警报短信171万余条。

二、深圳

重大政策叠加助力海洋发展。贯彻落实《中共中央 国务院关于支持深圳建设中国特色社会主义先行示范区的意见》《全面深化前海深港现代服务业合作区改革开放方案》等有关文件要求，持续推进深圳海洋大学、国家深海科考中心和国际海洋开发银行组建工作。深化国际船舶登记制度改革，印发《深圳市深化国际船舶登记制度改革实施方案》。研究编制《深圳市培育发展海洋产业集群行动计划（2022—2025年）》及构建“六个一”工作体系，海洋产业被纳入深圳市“20+8”战略性新兴产业集群体系。以前海深港合作区扩区为契机，加快推进海洋新城、蛇口国际海洋城等重点片区规划建设，联动国内外海洋科技产业创新资源，构建集研发、设计、制造、交易、金融等于一体的完整产业链。

海洋产业竞争力不断提升。国家深海科考中心、深圳海洋大学成功落户，坝光国际生物谷（食品谷）建设提质增效。中国首艘悬挂五星红旗的高端游轮“招商伊敦”号正式投入运营。进一步完善粤港澳大湾区组合港体系，促进组合港一体化运作，2021年组合港航线新增12条。深圳港盐田港区扩容项目正式启动。深圳综合改革试点项目国际航行船舶保税加油许可权改革率先落地。深圳国家远洋渔业基地正式获批建设。海洋科技创新能力持续攀升，现有涉海创新载体63个，集聚了近千名海洋领域高级研究人员。

海洋综合管理体系逐步完善。丰富海洋发展政策内容，印发《深圳市海洋文体旅游发展专项规划（2021—2025）》。强化海域海岛管理，出台《深圳市海域使用权招标拍卖挂牌出让管理办法》，加大海域空间资源配置方面市场化的力度。完成编制《无居民海岛保护利用标准与准则》。发布国内首个《海洋碳汇核算指南》，构建海洋碳汇核算标准体系。首次探索生态环境损害赔偿替代性修复新模式。

三、珠海

海洋经济发展迎来重大机遇。出台落实《横琴粤澳深度合作区建设总体方案》的行动方案，全力支持配合、服务好合作区建设，充分挖掘粤港澳大湾区制度创新潜力，发挥合作区的示范带动作用，加快提升澳门—珠海极点的综合实力和竞争力，辐射带动珠江西岸地区加快发展。贯彻落实《中共广东省委、广东省人民政府关于支持珠海建设新时代中国特色社会主义现代化国际化经济特区的意见》，因地制宜发展现代海洋经济，依托万山群岛、环横琴岛和环高栏岛等岛屿，打造环珠澳蓝色海洋产业带。加大深海资源开发及利用，加快海洋开发服务体系和海洋科技体系建设，发展海岛观光、海上运动等多元化海洋旅游项目。大力发展远洋渔业，建设智能型海洋牧场，加快建设洪湾渔港经济区。

海洋产业发展态势良好。洪湾中心渔港荣获“全国文明渔港”称号。万山海域国家级海洋牧场示范区人工鱼礁建设项目通过省级验收。珠海“湾区横洲号”深远海养殖平台交付。珠海港现有泊位172个，其中万吨级以上生产性泊位34个。2021年，珠海港完成货物吞吐量1.3亿吨，同比下降4.0%；完成集装箱吞吐量204万标准箱，同比增长11.0%。高栏港集装箱码头二期泊位通过验收。粤澳新通道（青茂口岸）、九洲港至澳门水上客运航线开通。广东省海洋工程装备产业计量测试中心、“5G+无人船”创新实验室成立。珠海桂山海上风电场示范项目一期后续及二期、珠海金湾海上风电场项目全容量并网发电，总装机容量为50万千瓦。“海洋旅游+体育”产业融合发展，举办第四届粤港澳大湾区帆船赛暨2021年珠海万山群岛“九洲杯”帆船联盟城市邀请赛等赛事活动。2021年全市接待游客2 070万人次，同比增长36.7%。

海洋综合管理进一步加强。推进无居民海岛保护及利用，完成牛头岛市场化出让前期审查工作，修编完成《珠海市三角岛建设实施优化提升方案》。2021年保障18宗重点项目用海需求，批复用海面积共972.1公顷，完成2宗海砂项目出让前期工作。珠海高栏港综合保税区项目获国务院批准，成为省内第一个获批的区域建设用海总体规划类围填海历史遗留问题项目。

四、佛山

海洋经济发展初见规模。加速推进佛山三龙湾高端创新集聚区建设，加快优势产业向海洋领域延伸，重点发展智能制造装备、新能源与节能环保装备。现有涉海活动单位重点集中在南海区和顺德区，主要海洋产业包括海洋工程建筑业、海洋交通运输业、海洋船舶工业、海洋药物和生物制品业等。

海洋创新成果逐步显现。建成深海照明工程技术联合实验室，完成5个系列深海照明产品的研发，正式启动海洋照明研发制造基地项目。完成低值植物蛋白原料耗氧固态发酵工艺摸索，抗菌肽与固态厌氧发酵的契合、工艺优化，以及海洋经济动物养殖应用。

五、惠州

海洋经济政策支撑不断强化。印发并实施《惠州抢抓“双区”建设重大机遇，深度融入深圳都市圈的行动方案（2021—2023年）》，积极融入“双区”建设。编印《提升滨海旅游水平的实施方案（2021—2023年）》，加快推进滨海旅游资源的保护、开发和利用，推动惠州湾发展升级。

海洋产业竞争力持续提升。惠州石化能源产业集群形成年产能2 200万吨炼油、220万吨乙烯炼化一体化规模。大亚湾石化区炼化一体化规模居全国前列，连续三年位列中国化工园区30强第一。惠州港荃湾港区5万吨级石化码头工程项目完成验收，华德石化有限公司马鞭洲燃料油保税库项目配套5 000吨级码头投产，荃美石化码头项目（4个5 000～80 000吨级液体化工泊位）、5万吨级液化烃码头项目、东马港区重件码头项目、荃湾港区石化产业码头及配套航道升级扩容、恒力PTA码头及配套航道升级扩容等系列基础设施项目加快推进。惠州LNG接收站项目开工建设。2021年规模以上石化工业总产值为1 946.1亿元，同比增长38.6%。初步构建了以巽寮湾、双月湾、小径湾、三角洲岛、三门岛为基础的“海洋—海岛—海岸”旅游立体开发体系，全年累计接待游客约2 244万人次。中广核惠州港口一海上风电场项目已实现全容量并网发电，年上网电量为7.1亿千瓦时。惠州市海洋科普教育基地挂牌。

海洋生态环境保护多措并举。考洲洋新增红树林面积73.3公顷。组建市（县、区）一体化的海洋智能感知网，构建全市海洋自然资源调查和海洋生态预警业务体系，2021年产出并提供各类数据超4 000个。大力推进入海排污口监管和陆源入海河流国考达标整治，全市6条入海河流均已达到国考要求。加强入海排污口分类监管，2021年整治超标入海排污口19个，全市新建污水管网79.1千米，改造老旧污水管网42.3千米。

六、东莞

海洋产业发展取得新成效。自主研发的HUSTER-68无人艇和无人机于国内首次实现视觉自主无人机艇协同运动起降。船舶研发和制造领域有突破，首艘160客位电动液压纯电帆船“珠江公主”、新型半潜观光船“趣玩水视界”及纯电池动力游船“珠水百年”顺利下水试航。滨海湾新区沙涌1号桥建成通车，滨海湾大桥和沙涌2号桥主体合龙、桥面贯通。

海洋保护利用管理水平提升。麻涌镇大盛村海洋生态修复工程已完成土地平整工作，为探索用海项目异地实施生态修复提供了借鉴经验。加强涉海项目监管，严格落实海域使用事前、事中、事后监管工作要求，在建项目每月监测一次，及时掌握项目用海范围、用海方式、施工进度及工艺等动态变化，2021年开展监测90次。

七、中山

助力构筑多点支撑发展格局。推动建设海洋新能源装备研发制造基地，支持神湾镇打造高端海洋工程装备制造基地、智能海洋工程装备研发中心及海洋精密制造、新能源、新材料研发制造基地。

海洋产业加速发展。海上风电运维船“精铟301”完成交接。中山火炬区生物医药产业园获评广东省首批特色产业园。中山高端海洋装备产业园首个重点项目落户神湾竹排岛。“政策性水产养殖、花木种植天气指数”特色农业保险投保工作启动。

八、江门

海洋产业发展势头良好。以银湖湾滨海新区和广海湾经济开发区为重点，建设海工装备测试基地和特色海洋旅游目的地，打造珠江西岸新增长极和沿海经济带上的江海门户。

黄茅海跨海通道、银洲湖高速、中江高速扩建工程开工建设。崖门万吨级出海航道整治工程开工建设，江门大广海湾保税物流中心（B型）封关运作。国华台电装机全部建成投产。

海洋生态文明建设取得良好成效。银湖湾滨海新区海岸带保护利用综合示范区项目启动建设。江门“双碳”实验室揭牌成立，13个“双碳”产业项目签约。2019—2021年，共完成海岸线整治修复约20千米，营造红树林24.95公顷，修复红树林38.42公顷。江门长廊生态园被评为国家AAA级旅游景区。

第二节　粤东地区

粤东地区地处海峡西岸经济区，是著名的侨乡，也是广东海洋经济发展的重要引擎。重点发展海洋渔业、海洋化工业、海上风电、海洋交通运输业和海洋旅游业等产业，着力打造揭阳大南海石化基地、海上风电全产业链生产基地。2021年粤东地区海洋经济发展亮点见图3-2。

一、汕头

海洋产业发展迈进新阶段。南澳国家级沿海渔港经济区项目被列入国家支持建设试点。大唐南澳勒门I海上风电项目实现全容量并网发电。潮南陇田400兆瓦渔光互补光伏发电项目完成桩基工程。化学与精细化工广东省实验室一期主体工程基本建成。“汕头广澳—深圳蛇口组合港”创新模式试运行。濠江区获评省全域旅游示范区，南澳县获评省级旅游度假区。2021海洋广东论坛暨2021（第四届）海洋史研究青年学者论坛在南澳岛召开。

涉海重大基础设施实现新突破。汕汕铁路、汕头站综合

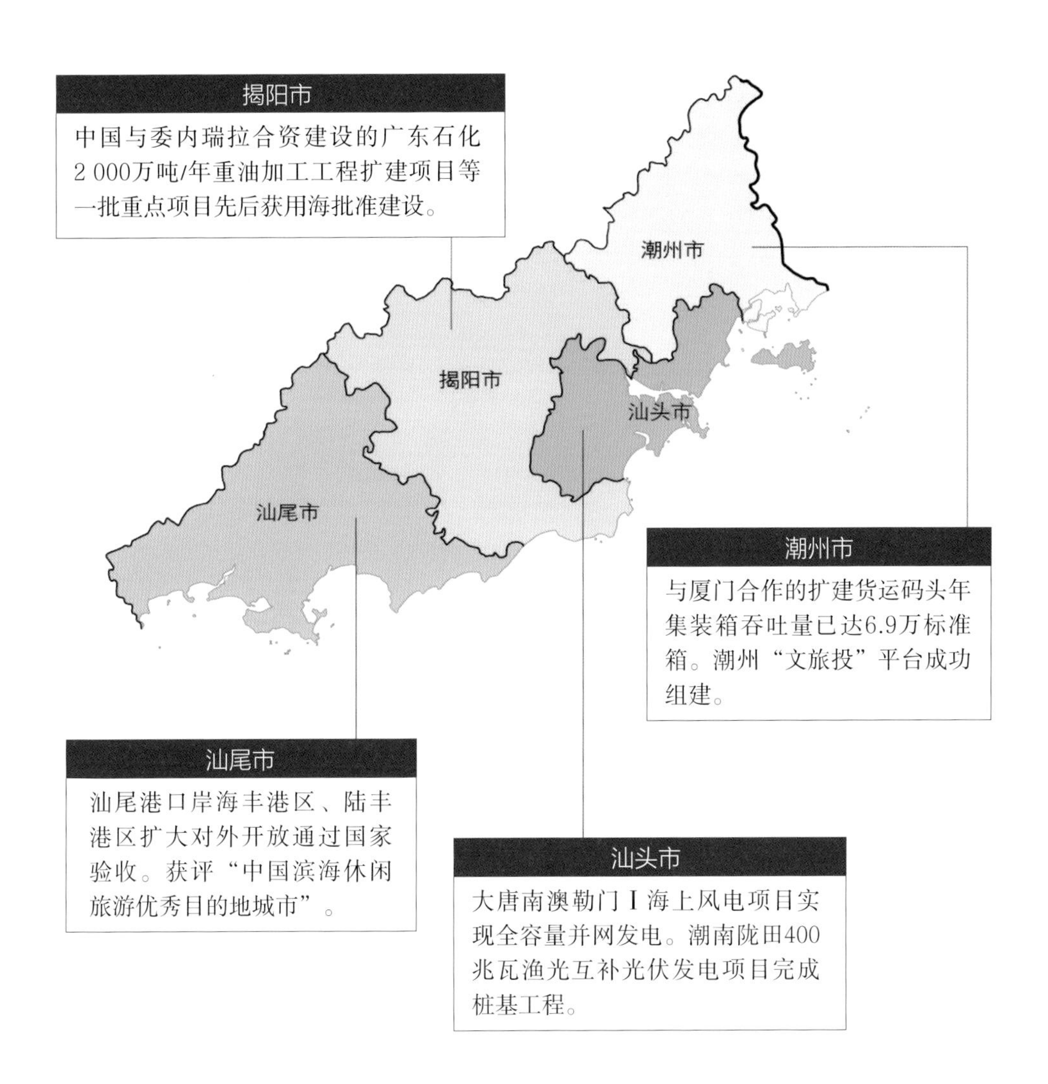

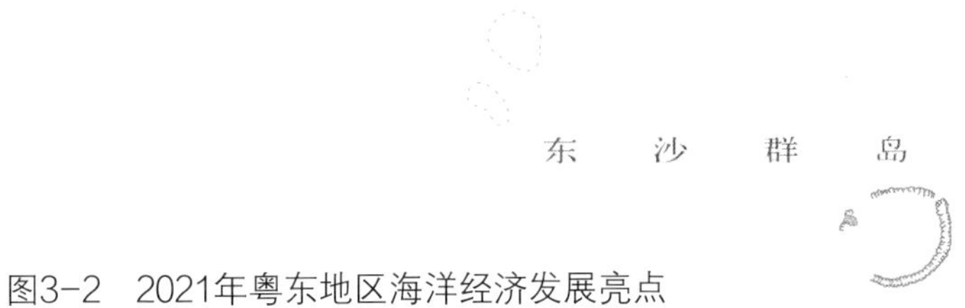

图3-2 2021年粤东地区海洋经济发展亮点

（广东省海洋发展规划研究中心供图）

审图号：粤S（2022）045号

交通枢纽工程、海湾隧道加快建设，潮汕大桥开工建设。广澳港区三期工程前期工作加快推进，2万吨级石化码头加快建设。粤东LNG项目汕头段一期配套管线建成调试。天环冷链物流有限公司水产配送中心建成运营，濠江冷链物流生态圈产业园加快建设。

二、潮州

涉海重大项目稳步推进。加快潮州港经济开发区建设，与厦门合作的扩建货运码头年集装箱吞吐量已达6.9万标准箱。世界500强企业益海嘉里集团落户，推动潮州港区粮油糖产业一体化聚集发展。新能源产业园华瀛LNG接收站（一期）、华丰中天LNG储配站、大唐（华瀛）潮州热电冷联产等项目加快建设。总投资4.1亿元的潮州临港产业园4个基础设施项目开工。潮州“文旅投”平台成功组建，汛洲岛力诚博物馆小镇项目顺利推进。饶平县汫洲镇（大蚝）上榜第十一批全国“一村一品”示范村镇及2021年全国乡村特色产业10亿元镇名单。实施饶平县海岸带综合示范区项目，带动一系列涉海整治修复工程，连片形成海岸旅游带，打造潮州经济新的增长极。

三、汕尾

海洋经济振兴发展持续发力。增强汕尾沿海经济带战略支点功能，对接揭阳石化能源产业资源，建设大南海石化工业园（汕尾基地）和新港区港口码头。汕尾港口岸海丰港区、陆丰港区扩大对外开放通过国家验收。中广核汕尾后湖海上风电项目全容量并网发电，中广核汕尾甲子海上风电项目开工建设。成功举办中国（汕尾）海上风电产业大会，成立汕尾海上风电产业链联盟、海上风电工程建设联盟，签约项目22个，总投资额约255亿元。成功创建国家生态文明建设示范区、冬养汕尾·全国生态旅游示范实验区，获评“中国滨海休闲旅游优秀目的地城市”。

四、揭阳

临海特色产业聚力发展。聚焦“一城两园”，打造绿色石化、海上风电两大产业。中石油原油码头和成品油码头中期交工，前詹通用码头基本成形，大南海公共码头开工建设。中国与委内瑞拉合资建设的广东石化2 000万吨/年重油加工工程扩建项目、揭阳港大南海东岸公共进港航道工程、揭阳大南海石化工业区海洋放流管工程等一批重点项目先后获用海批准建设，广东揭阳520万立方米原油商业储备库建设工程配套码头工程和国家电投揭阳神泉二350兆瓦海上风电项目增容项目通过用海预审，国家电投揭阳神泉一海上风电项目全容量并网发电。

第三节　粤西地区

粤西地区濒临南海和北部湾，是广东对接东盟的先行区。重点发展海上风电、海洋油气、海洋化工、海洋生物医药、海洋旅游、海洋工程装备制造等产业，基本建成茂名石化基地、湛江东海岛石化基地、阳江世界级海上风电产业基地。2021年粤西地区海洋经济发展亮点见图3-3。

一、湛江

海洋产业保持良好发展势头。游弋式养殖试验船成功交付使用，开启北部湾深远海渔业工业化智能养殖新局面。开展国内首台浮式风机“扶摇号”研发制造，填补国内大功率海上浮式风电装备一体化设计及应用验证领域的空白。湛江新寮、徐闻、外罗二期海上风电项目建成投产。巴斯夫项目首批装置打桩开建。中科炼化一体化一期项目稳步达产达效。成功举办2021年全国水下机器人（湛江）大赛。金鲳鱼等水产预制菜获批签发首个农产品RCEP原产地证书。

基础设施建设提档升级。冬松岛渡改桥新建工程动工建

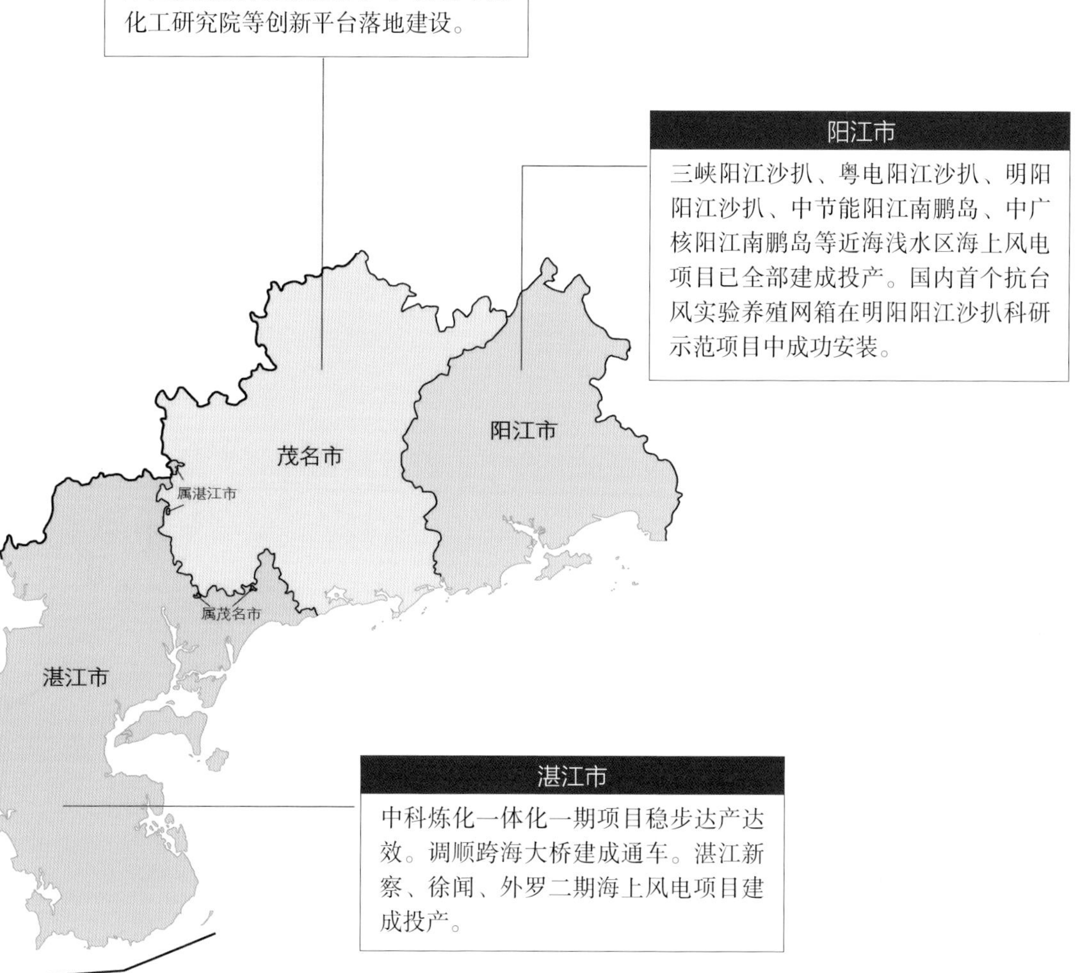

图3-3　2021年粤西地区海洋经济发展亮点

（广东省海洋发展规划研究中心供图）

审图号：粤S（2022）045号

设，环城高速南三岛大桥、疏港大道改扩建、海川大道扩建等工程加快建设，广湛高铁湛江湾海底隧道盾构有序施工。广东·海南（徐闻）特别合作区临港产业园首开区启动建设。东海岛港区杂货码头完成主体工程建设，宝满港区集装箱码头一期扩建工程、湛江港拆装箱一期工程、中科炼化一体化项目液化烃码头一期等项目开工建设，宝钢湛江钢铁三高炉项目配套码头建成运营。

二、茂名

临港产业集群蓄势崛起。全球最大、国内首套260万吨/年浆态床渣油加氢装置建成投产，标志着世界先进的浆态床渣油加氢技术在我国成功实现工业化应用。烷烃资源综合利用一期（Ⅱ）重大项目开工建设。茂名绿色化工研究院等创新平台落地建设。茂名石化原油保税进口首票业务成功办理，实现历史性突破。港航设施建设不断完善，博贺新港区广港通用码头、粤电煤炭码头建成运营。10万吨级成品码头、茂名港铁路、东区化工码头及其附属设施项目、粤西（茂名）LNG接收站、30万吨级原油码头推进建设，深水大港建设已全面铺开。

三、阳江

海上风电全产业链建设成效显著。三峡阳江沙扒、粤电阳江沙扒、明阳阳江沙扒、中节能阳江南鹏岛、中广核阳江南鹏岛等近海浅水区海上风电项目已全部建成投产，装机容量300万千瓦，阳江青洲、帆石等近海深水区项目已开工建设。风电产业基地初具规模，东方电气电机、龙马铸造精加工等项目建成投产，中车电机、东方海缆等项目加快建设。国内首个抗台风实验养殖网箱在明阳阳江沙扒科研示范项目中成功安装，国内首台5.5兆瓦抗台风漂浮式发电机组在三峡阳江沙扒项目中成功发电。先进能源科学与技术广东省实验室阳江分中心（阳江海上风电实验室）、材料科学与技术广东省实验室阳江分中心（阳江合金材料实验室）基础研究部分落户广东海洋大学阳江校区并进入全面建设阶段，为阳江海上风电和合金材料产业发展注入创新动能。

广东能源集团

第四章
2022年海洋经济工作计划

以习近平新时代中国特色社会主义思想为指导，全面贯彻落实党的十九大和十九届历次全会精神，坚持稳中求进的工作总基调，完整、准确、全面贯彻新发展理念，加快构建新发展格局，全面深化改革开放，坚持创新驱动发展，坚持以供给侧结构性改革为主线，统筹疫情防控和经济社会发展，继续推动海洋经济高质量发展，在更高起点上推进海洋强省建设，迎接党的二十大胜利召开。

一、全面推进海洋强省建设

强化海洋强省制度设计，以省委、省政府名义出台全面建设海洋强省政策文件，制订并出台海洋强省建设三年行动方案。筹备召开广东省全面建设海洋强省工作会议，对在新发展阶段贯彻落实海洋强国建设有关要求、全面推进海洋强省建设进行部署。力争自然资源部出台支持粤港澳大湾区海洋自然资源高水平保护、高效率利用的意见，助力“双区”和横琴、前海两个合作区建设。组织实施好国家及省海洋经济发展“十四五”规划。制订并印发2022年海洋军民融合工作要点。

二、打造海洋经济发展动力引擎

贯彻落实粤港澳大湾区和深圳中国特色社会主义先行

示范区建设战略部署，推动国际一流湾区和世界级城市群建设。推进横琴、前海两个合作区建设，加强粤澳、粤港合作，发展粤港澳大湾区海洋经济。深化广深“双城”联动，加快深圳全球海洋中心城市、广州海洋创新发展之都建设。以汕头、湛江等省域副中心城市建设为引领，加快打造东西两翼海洋经济发展极，提升辐射带动周边区域海洋经济发展能力。启动建设省级海洋经济高质量发展示范区，重点示范带动现代海洋产业集聚发展、海洋科技创新引领、粤港澳大湾区海洋经济合作、海洋生态文明建设等。对标国家实验室，高标准建设南方海洋科学与工程广东省实验室。加快推进部省共建国家海洋综合试验场（珠海）协议签订和实施工作。

三、加快海洋产业集群建设

强化规划引领和政策支持，聚力打造全国领先的千亿级、万亿级产业集群。坚持壮大实体经济，加快补链、强链、延链，推进海洋产业基础高级化、产业链现代化，推动产业集群化发展。坚持创新驱动发展，促进各类创新资源要素集聚，支持和引导行业领军企业和掌握关键核心技术的“专精特新”企业强化创新，率先突破一批海洋领域核心技术和关键共性技术，打造具有全球竞争力的产品服务。围绕海上风电、海洋工程装备制造、现代海洋渔业、海洋油气化工、海洋旅游、海洋船舶工业等产业领域，加快建设一批重点项目，打造世界级海洋产业基地。

四、强化海洋生态保护修复

扎实抓好近岸海域污染防治，加强海洋生态文明建设，持续提升海洋生态环境质量。大力发展海洋清洁能源，加快海上风电项目建设。推动绿色低碳转型，加快发展绿色低碳产业。研究建设粤港澳大湾区碳排放权交易平台。深入打好污染防治攻坚战，深化非法洗砂、洗泥专项治理，开展珠江口邻近海域综合治理攻坚行动，推进“美丽海湾”保护建设。强化海洋生态系统保护修复，推进海洋生态和湿地保护修复，建设具有海岸生态多样性保护和防灾减灾功能的万亩级红树林示范区。加快构建陆海统筹、天地一体、上下协同、信息共享的生态环境监测网络，全方位、多层次开展生态环境保护教育宣传。

五、提升海洋综合治理能力

强化海域海岛使用管理，高质量完成省级海岸带综合保护与利用规划修编，探索建立海岸建筑退缩线制度。全面推行海岸线占补制度，探索开展海岸线有偿使用和指标交易试点，制订出台海域使用金征收新标准，大力推动围填海历史遗留问题处置。推进海洋灾害防治，完善海洋预警监测体系，开展典型海洋生态系统调查评估和预警监测。全面推进海洋大数据中心建设，构建海洋自然资源“一张网”“一套数”。建立健全海洋经济运行监测评估工作体系，开展市级海洋生产总值核算。加强海洋历史文化保护与传承，强化“南海一号”保护与利用，推动建设海上丝绸之路沿线国家及地区的人文交流平台，提高海洋历史遗存和文化遗产保护能力。

附录 主要指标解释

1. **海洋经济：**开发、利用和保护海洋的各类产业活动，以及与之相关联活动的总和。

2. **海洋产业：**开发、利用和保护海洋所进行的生产和服务活动，主要包括以下五个方面：

——直接从海洋中获取产品的生产和服务活动；

——直接从海洋中获取产品的一次加工生产和服务活动；

——直接应用于海洋和海洋开发活动的产品生产和服务活动；

——利用海水或海洋空间作为生产过程的基本要素所进行的生产和服务活动；

——海洋科学研究、教育、管理和服务活动。

3. **海洋科研教育管理服务业：**开发、利用和保护海洋过程中所进行的科研、教育、管理及服务等活动。

4. **海洋相关产业：**以各种投入和产出为联系纽带，与海洋产业构成技术及经济联系的产业。

5. **海洋生产总值（GOP）：**是按市场价格计算的海洋经济生产总值的简称。指涉海常驻单位在一定时期内海洋经济活动的最终成果，是海洋产业及海洋相关产业增加值之和。

6. **增加值：**指按市场价格计算的涉海常驻单位在一定时期内生产与服务活动的最终成果。

7. **海洋渔业：**包括海水养殖、海洋捕捞、海洋渔业服务业等活动。

8. **海洋水产加工业：**指以海产品为主要原料，采用各种食品贮藏加工、水产综合利用技术和工艺进行加工的活动。

9. **海洋油气业：**指在海洋中勘探、开采、输送、加工原油和天然气的生产和服务活动。

10. **海洋矿业：**包括海滨砂矿、海滨土砂石、海滨地热、海滨煤矿及深海矿物等的采选活动。

11. **海洋盐业：**指利用海水生产以氯化钠为主要成分的盐产品的活动。

12. **海洋船舶工业：**指以金属或非金属为主要材料，制造海洋船舶、海上固定及浮动装置的活动，以及对海洋船舶的修理及拆卸活动。

13. **海洋工程装备制造业：**指为海洋资源勘探开发与加工储运、海洋可再生能源利用，以及海水淡化和综合利用所进行的大型工程装备和辅助装备的制造活动。主要包括海洋矿产勘探开发装备制造、海洋油气资源勘探开发装备制造、海洋可再生能源利用装备制造、海水淡化及综合利用装备制造。

14. **海洋化工业：**以海盐、海藻、海洋石油为原料的化工产品生产活动。

15. **海洋生物医药业：**指以海洋生物为原料或提取海洋生物有效成分，进行海洋药品与海洋保健品的生产加工及制造活动。

16. **海洋工程建筑业：**指用于海洋生产、交通、娱乐、防护等方面的建筑工程施工及其准备活动。

17. **海洋可再生能源利用业：**指沿海地区利用海洋能、海洋风能等可再生能源进行的电力生产活动。

18. **海水利用业：**指对海水的直接利用、海水淡化和海水化学资源综合利用的活动。

19. **海洋交通运输业：**指以船舶为主要工具从事海洋运输以及为海洋运输提供服务的活动。

20. **海洋旅游业：**指依托海洋旅游资源开展的观光游览、休闲娱乐、度假住宿和体育运动等活动。